"一亩山万元钱"科技富民技术丛书

竹林覆盖型和
高效生态栽培型技术

浙江省林业局　组编

周子贵　张骏　主编

浙江科学技术出版社

图书在版编目（CIP）数据

竹林覆盖型和高效生态栽培型技术 / 浙江省林业局组编；周子贵，张骏主编. —杭州：浙江科学技术出版社，2020.8

（"一亩山万元钱"科技富民技术丛书）

ISBN 978-7-5341-9147-3

Ⅰ.①竹… Ⅱ.①浙…②周…③张… Ⅲ.①竹林—森林经营 Ⅳ.① S795

中国版本图书馆 CIP 数据核字（2020）第 135125 号

丛 书 名	"一亩山万元钱"科技富民技术丛书
书 名	竹林覆盖型和高效生态栽培型技术
组 编	浙江省林业局
主 编	周子贵 张 骏

出版发行 浙江科学技术出版社

　　　　杭州市体育场路 347 号 邮政编码：310006
　　　　编辑部电话：0571-85152719
　　　　销售部电话：0571-85062597
　　　　网 址：www.zkpress.com
　　　　E-mail：zkpress@zkpress.com

排 版	杭州大漠照排印刷有限公司
印 刷	浙江海虹彩色印务有限公司
经 销	全国各地新华书店

开 本	880×1230 1/32	印 张	2.375
字 数	54 000		
版 次	2020 年 8 月第 1 版		2020 年 8 月第 1 次印刷
书 号	ISBN 978-7-5341-9147-3	定 价	18.00 元

责任编辑 詹 喜　　**文字编辑** 周乔俐　　**责任校对** 李亚学
责任美编 金 晖　　**责任印务** 叶文炀

"'一亩山万元钱'科技富民技术丛书"
编辑委员会

序

近年来，浙江林业深入贯彻"绿水青山就是金山银山"理念，紧紧围绕"五年绿化平原水乡、十年建成森林浙江"的战略部署，坚持把科技创新作为引领发展的第一动力，把强林富民作为创新发展的第一目标，大力推广"一亩山万元钱"科技富民模式，有力地促进了林业持续增效、林农增收致富，初步走出了一条"绿水青山就是金山银山"的新路子，为山区高水平全面建成小康社会做出了重要贡献。特别是2018年实施五年行动计划以来，浙江各地加快构建"一亩山万元钱"模式的推广体系，使其成为浙江乡村振兴的新亮点、农民增收致富的新途径和现代林业经济的新样板。

"一亩山万元钱"科技富民模式主要针对林业后劲不足以及林业资源生产周期长、经济效益低、林农收入增长缓慢等问题，充分尊重群众的首创精神，聚焦"高效生态、亩产过万"的目标，深入实施林业创新驱动发展战略。重点围绕创新林业耕作制度，充分挖掘土壤、气候和生物潜能，根据各种资源、植物生长的时间节律，对土地、物种、时空进行科学配置，探索出易学、易懂、易操作的竹林覆盖、高效生态栽培、近野生栽培、林下复合经营等"一亩山万元钱"科技富民模式。这些林业科技富民的"金点子"，符合习近平新时代生态文明建设思想和"绿水青山就是金山银山"理念的核心价值，坚持生态优先、生态转化，对实现优质高产、安全生态林产品和农民增收具有深远的意义。"一亩山万元钱"科技富民模式是浙江践行"绿水青山就是金山银山"理念的林业版，是发展林下经济的浙江版，成为全国林业科技推广的标杆。

为了推动浙江省林业主导产业持续高效发展，提高公众对林业新品种、新技术、新机械的认知度，让现代林业发展更好地惠及千家万户，助推乡村振兴战略，浙江省林业局组织相关专家编写了这套"'一亩山万元钱'科技富民技术丛书"，较为详细地介绍了该模式的发展现状、趋势潜力、技术要点和典型案例，全景式展现了浙江省"一亩山万元钱"科技富民模式的显著成效。希望各地各部门用好这套丛书，更好地发挥科技在现代林业中的"乘数效应"，持续提高林业生产的综合效益，让绿色成为浙江"重要窗口"建设中最动人的色彩。

浙江省政协副主席　陈小平

2020 年 6 月

前言 🍃

　　浙江是"七山一水二分田"的多山省份，林业在全省经济社会发展中的作用和地位十分突出。2020年是习近平总书记提出"绿水青山就是金山银山"理念十五周年，作为该理念的发源地，浙江林业以"全国深化林业综合改革试验示范区"和"全国现代林业经济发展试验区"为抓手，全力推进林业现代化，呈现出生态不断改善、产业持续发展、林农稳步增收的良好态势。

　　"一亩山万元钱"科技富民模式，是浙江林业科技人员紧紧围绕林业主导产业与优势特色产业深入实施创新驱动，充分利用土壤、气候和生物资源，根据植物生长的时间节律，对土地、物种、时空进行科学配置，摸索出的创新模式和技术，包括竹林覆盖、生态高效栽培、林下复合经营、近野生栽培等高效生态模式，逐步形成雷竹笋、毛竹笋覆盖，香榧、薄壳山核桃、甜柿高效生态栽培，铁皮石斛近野生栽培，林下套种多花黄精、三叶青、竹荪、山稻等技术。依据生态学、生态经济学原理，运用物种、土地、时空的科学配置，构建了林地复合经营和废弃物资利用等科技富民模式及其集成配套技术，它们符合科学发展观的要求和资源节约、环境友好的原则，对实现优质高产、安全生态林产品和农民增收具有很强的现实意义。

　　践行"绿水青山就是金山银山"理念，林业基础先行。为更好地研究、探索与深化"绿水青山就是金山银山"转化机制，充分发挥科技在其通道转化中的支撑和引领作用，自2015年起，浙江全省上下大力推广"一亩山万元钱"科技富民模式，做大、做强生态高效林业，加快林业增效、林农增收、乡村振兴步伐，林业富民成效显著，"绿水青山就是金山银山"理念深入人心。按照"发展二产、带动一产、促进三产"的发展思路，创新经营体制机制，加强基础设施建设，推广先进适用技术，推动产业深度融合和文化繁荣发展，推进产业转型升级，使产业呈现稳定向好的发展态势，在促进乡村振兴、建设浙江大花园中发挥了重要的作用。截至2019年年底，浙江累计推广"一亩山万元钱"科技富民模式示范基地230.6万亩，实现总产值235.6亿元，共有近5000家企业、合作社，近11万户农户参与实践。高效生态栽种的香榧、甜柿，近野生栽培的铁皮石斛，林下套种黄精等，都很好地实现了亩产1万元以上甚至2万元的目标。"毛竹盖一盖，亩产超万块"已成为"一亩山万元钱"的真实缩影。

在"绿水青山就是金山银山"理念提出十五周年之际，在全省上下全面展示所取得的成就，系统总结经验，持续推进该理念，加快实施乡村振兴战略之际，浙江省林业局组织编写的这套"'一亩山万元钱'科技富民技术丛书"正式出版发行，将成为浙江林业践行"绿水青山就是金山银山"理念的生动写照。

"'一亩山万元钱'科技富民技术丛书"编委会

2020年5月

目录

第一章 "一亩山万元钱"科技富民模式概述

"十二五""十三五"期间，针对林农收入增长缓慢、后劲不足以及林业资源生产周期长、经济效益低等问题，浙江林业以科技创新作为引领发展的第一动力，锁定林农增收致富为第一目标，创新林业耕作制度，充分挖掘土壤、气候和生物潜能，根据各种资源、植物生长的时间节律，对土地、物种、时空进行了科学配置，探索出易学、易懂、易操作的"一亩山万元钱"科技富民模式，让科技在现代林业中发挥"乘数效应"，大幅度提高了林业生产的综合经济效益，在实现精准扶贫和持续推进农户增收致富中开辟了林业富民的新路径。"一亩山万元钱"科技富民模式是践行"绿水青山就是金山银山"理念的林业版，也是发展林下经济的浙江版，是在生态优先的前提下，高效安全地推进林业产业发展的理念。

一、"一亩山万元钱"科技富民模式类型

林业耕作制度创新是林业科技人员践行"绿水青山就是金山

银山"理念的一大创举，是转变林业发展方式的有效途径。依据生态学、生态经济学的原理，运用物种、土地、时空的科学配置，构建了林地复合经营和废弃物资利用等"林业＋科技"富民模式及其集成配套技术。符合科学发展观的要求和资源节约、环境友好的原则，对实现优质高产、安全生态林产品、农民增收和林业增效具有深远的意义。目前，林业科技富民模式主要由以下四种类型组成：

竹林覆盖型：利用有机物对竹林地覆盖达到保温、保湿的效果，创造适宜竹笋生长的温、湿度条件，使笋芽提前进入生长发育期，从而提早出笋。通过覆盖，达到出笋早、笋期长、产量高、笋味美、见效快且没有大小年、效益可观等目的。如雷（早）竹林早出覆盖模式，平均亩产值达 1.5 万元；毛竹笋用林早出覆盖模式，平均亩产值达 1.2 万元。

高效生态栽培型：按照适地适树原则，在遵循林业经营自然规律与经济发展规律的客观要求基础上，选择经济效益和生态效益俱佳的优良乡土树种，在不破坏原生生态环境的情况下，通过选用高效生态耕作模式、优化种植结构、改善基础设施条件、提高集约化经营水平，从而实现生态高效、持续增收的目标。如香榧高效生态栽培模式，平均亩产值达 1.2 万元；薄壳山核桃高效生态栽培模式，平均亩产值达 2 万元；柿子（甜柿、方山柿等）高效生态栽培模式，平均亩产值达 1.6 万元。

近野生栽培型：模仿生物自然规律和法则，通过生产和环境要素的合理配置，为植物生长创造一个稳定平衡、协调有序、资源高效利用、能够循环再生的开放系统。如铁皮石斛近野生栽培模式，不与粮食争良田，不与林木争林地，单株树产值可达万元以上，投入产出比为 1∶5 甚至更低，实现了生态效益与经济效益双丰收。

林下复合经营型：充分利用林下土地资源和林荫优势，在以乔木为主的林地下种植经济林（水果）、农作物、种苗、微生物（菌类）和养殖禽类、畜类等，从而使林上林下实现一个以短养长、资源共享、优势互补、循环相生、协调发展的生态立体林业模式。如林下竹荪林菌复合经营模式，平均亩产值 1.3 万元；林下三叶青林药复合经营模式，平均亩产值 1.2 万元。

二、"一亩山万元钱"科技富民模式特点

一是量身定制，借势发挥。浙江省竹产业和木本油料产业在全国占据重要地位，全省竹林面积 1200 多万亩，香榧占全国面积和产量的 95% 以上，油茶种植面积 260 万亩。"一亩山万元钱"科技富民模式很好地利用了这些资源，为主导产业提供适度规模经营的新型模版，在最大的基数上做乘法，让创新驱动发挥的效益实现最大化。

二是因地制宜，模式多样。浙江省地理环境复杂多变，平原、山地，内陆、沿海的环境因素差异巨大。浙江林业科研人员根据实际，科学分析土壤、温湿度、气候等环境因素，依照因地制宜的原则，研创出适合各类不同环境的模式，满足了不同的生产需要。同时，多种多样的模式也为从业者提供了更多的选择余地，一定程度上避免了因单一产品过剩导致相互压价、增产不增收的现象发生，有效规避一定的市场风险。

三是生态优先，绿色发展。各种模式都是把生态保护放在优先位置，以"生态经济双丰收"为发展目标，根据植物的生态学特性和立地条件，合理利用森林资源和林地空间，积极推广立体

种植、生态循环等"一亩山万元钱"的高效立体复合经营模式，不仅可以有效提高林地利用率和产出率，保证亩产经济效益，而且也可确保食用林产品质量安全，实现林业产业的可持续发展。

三、"一亩山万元钱"科技富民模式举措

一是围绕"三服务"，总结研创"一亩山万元钱"科技富民模式。服务主导产业，按照浙江省竹木、木本油料、森林食品等林业主导产业发展要求，坚持以市场需求为导向，开发铁皮石斛近野生栽培、竹林覆盖、名特优经济林高效栽培、林下复合经营等科技推广项目，推动主导产业经营从粗放型向集约型转变。服务生产实践，坚持从实际出发，把科技创新与生产实践紧密结合起来，制订"套餐化"和"菜单式"的技术方案，做到易学、易懂、易操作，为全省大面积推广奠定了良好基础。服务精准扶贫，组织实施"一亩山万元钱"模式推广三年和五年行动，纳入省、市政府年度森林浙江目标责任制考核，通过政策引导和行政推动，使"一亩山万元钱"惠及千家万户，成为山区林农致富的"金扁担"，让更多的林农走上致富之路。

二是织好"三张网"，着力构建"一亩山万元钱"模式的推广体系。织好推广队伍网，建立省、县、乡、村四级联动的林技推广网络，开发运用"互联网＋"林技通服务平台，通过聘用首席林技推广专家、派遣林业科技特派员、组建农民讲师团等形式，架起"专家"与"农民"之间的桥梁。织好技术服务网，通过举办全省"林业科技周"、林业科技下乡活动和模式专题技术培训班，累计培训林农 30 多万人次。运用全省 1179 个基层公共服务中心、派遣 2283 名责任林技员和认定两批共 156 名林业乡土

专家，实行联村、联户、联地块，手把手、一对一地指导帮扶，实现林业公共服务体系全覆盖。织好科技示范网，以现代林业示范园区、专业示范村、示范户为载体，建设"一亩山万元钱"模式示范基地 600 多个，不定期组织召开现场会，树立了一大批高效集约的示范典型，形成了不同模式的科技示范网。

三是推进"三创新"，持续放大"一亩山万元钱"模式的富民效应。创新林产品质量追溯机制，对全省已经认定"一亩山万元钱"模式的森林食品基地，强化标准体系建设，制定并推广地方标准 15 项、企业标准 30 多项。同时，开展森林食品基地认定、品牌打造，建立质量追溯、企业诚信、质量监管"三位一体"的林产品安全监管模式。创新林业"三产"融合机制，对"一亩山万元钱"示范基地，按照"壮大一产、发展二产、培育三产"的思路，培育生产、加工、销售于一体的产业新业态，形成主业特色鲜明、产业链条完整、市场竞争能力较强的现代林业经济发展模式。创新林业经营体制机制，在总结、推广"一亩山万元钱"模式的过程中，大力推行林木股份制、林地股份制和家庭林场三种新型经营体系，引导工商资本与农户建立利益联结机制，真正实现"林地变股权、林农当股东、收益有分红"。

四、"一亩山万元钱"科技富民模式取得的成效

做大、做强"一亩山万元钱"科技富民模式，是林业系统践行"绿水青山就是金山银山"理念的战略行动，是走生态高效发展之路的浙江样板，同时也是立足浙江省情、林情的创新举措，是来源生产实践的富民典范，也是广大林业科技人员的智

慧结晶。2015 年，浙江省林业厅制定并印发了《浙江省"一亩山万元钱"林技推广三年行动计划（2015—2017 年)》（浙林科〔2015〕78 号)，并通过召开现场会、举办林业产业化技术培训班等方式在全省推广科技富民模式。"十二五"期间，全省累计推广"一亩山万元钱"科技富民模式 22.5 万亩，实现总产值 26.6 亿元，增收 11.2 亿元，高效生态栽种的香榧、甜柿，近野生栽培铁皮石斛，竹林套种竹荪等，都很好地实现了亩产 1 万元以上甚至 2 万元、5 万元的目标。如浙江森太农林果开发有限公司高效生态栽种香榧面积 2000 亩，每亩栽种 42 株，最早种植的基地平均株产量 7.7 千克，亩产量 323.4 千克，亩产值超万元；缙云县山川绿野笋业专业合作社竹林套种竹荪种植面积 40 亩，产干竹荪 1400 千克，每千克销售价 600 元，亩产值达 2.1 万元；杭州创高农业开发有限公司在香樟活树上种植铁皮石斛 50 亩（1500 株)，平均每株产铁皮石斛 1 千克，共生产产品 1500 千克，每千克批发价 2000 元，每亩收入 5 万元。"一亩山万元钱"已经成为现实，为促进农民收入持续普遍较快增长开辟了新路径。

　　林业科技富民模式的推广得到了浙江省领导的重视、支持和社会媒体的广泛关注。2015 年，时任浙江省副省长黄旭明专门做出重要批示，充分肯定了林业科技创新"一亩山万元钱"模式工作的做法，要求因地制宜，科学合理规划，在全产业链上做深、做足文章，积极有效地组织推广。2017 年召开了全省深化"一亩山万元钱"行动推进会，2018 年下发五年行动计划以来，全省各地加大"一亩山万元钱"模式的创新推广力度，加快构建"一亩山万元钱"模式的推广体系，让"一亩山万元钱"科技富民模式成为浙江乡村振兴的新亮点、农民增收致富的新途径和现代林业经济的新样板。人民网、凤凰财经、中国绿色时报等国内 20 多

家媒体都对此进行了报道，"一亩山万元钱"科技富民模式还被列入浙江省助农增收行动和乡村振兴行动计划，产生了良好的社会反响。"一亩山万元钱"科技富民模式已经成为全国林业科技推广的一根标杆。"一亩山万元钱"科技富民模式普及与推广活动还荣获第十八届"浙江省科技兴林奖"优秀科普活动奖和第七届"梁希科普奖"科普活动类奖。

第二章 竹林覆盖型科技富民模式

一、雷（早）竹笋早出覆盖培育技术

1. 雷竹简介

雷竹（*Phyllostachys praecox*），别名早竹（余杭）、早园竹（德清）、雷公竹（富阳）、天雷竹（金华）、春竹（余姚）、燕竹（江苏），由于早春打雷即出笋，故称之为雷竹。雷竹是我国出笋最早的优良笋用竹种，主要分布在浙江的西北丘陵平原地带，全省有雷竹面积 100 多万亩，其中临安 30 万亩，德清 10 万亩，余杭 7 万亩，富阳 5 万亩，奉化 4 万亩。由于雷竹出笋早、产量高、经济效益好，近几年来，江西、福建、安徽、江苏、湖北、四川等地都积极引种雷竹，建立笋用林基地。

雷（早）竹笋以鲜销为主，目前主要市场还是在长江三角洲地区，雷（早）竹主要分布在浙西北平原，浙江在雷（早）竹方面的经营管理及试验研究，在国内外均处于领先水平。通过结构调控、测土施肥、改良土壤、水分调控、覆盖增温、休闲轮作等早出高效生态化经营技术，特别是利用有机物对竹林地覆盖达到保温、保湿的效果，创造适宜竹笋生长的温、湿度条件，从而使其提早出笋。同时，对退化竹林进行改造，使老化或退化的竹园又恢复了生机，保持高产高效，促进了雷竹可持续经营。一般不覆盖竹林平均亩产竹笋为 750 千克，覆盖竹林平均亩产竹笋为 1500 千克，少数高产竹林竹笋亩产量可达 2500 千克以上，可提高经济效益 10 倍，竹笋亩产值一般在 2 万元以上，最高可达 5 万元以上。

2. 栽培优势

（1）出笋早。

在所有的竹种中，雷竹出笋最早，一般在 3 月初，春节前后也有雷笋出土。

（2）笋期长。

自然栽培雷竹笋期为 3 月初至 4 月底，7—10 月也有秋笋出土，通过覆盖栽培，从 11 月开始就有竹笋上市。

（3）产量高。

一般高产竹林亩产 1500～2000 千克，最高亩产鲜笋可达 3000 千克以上。

（4）效益好。

覆盖培育竹林亩产值 2 万元左右，每亩用工投入 35 人，成本投入 40%。

（5）笋味鲜美。

雷竹笋为健康绿色食品，味道鲜美，营养丰富，是蛋白质含量最高的蔬菜之一，含有 18 种氨基酸。

（6）年年出笋。

雷竹林每年出笋，产量稳定，没有明显的大小年。

（7）成林见效快。

新造林，第2～3年就有收入，第4年可成林，第5年获高产。成竹林年年挖笋，每年有收益。

（8）适应范围广。

江南大部分年降水量1200毫米以上的地区都适宜栽培雷竹，而且一年种竹，多年利用。

3. 发展优势

雷竹笋营养丰富，味道鲜美，口感脆爽，是理想的健康食品，为绿色"森林蔬菜"，是上海、杭州等大中城市居民的"菜篮子"，深受消费者喜爱。竹笋中的蛋白质含量比大多数蔬菜高，而且竹笋还含有丰富的维生素、无机盐和微量元素，以及多种氨基酸与糖类，有利于食欲的增强和营养的摄入，此外还有减肥美容、预防肠癌、促进健康等特殊功效。随着人民生活水平的提高和进步，竹笋的食用价值越来越为人们所重视，竹笋市场的需求量也日益增加。

4. 技术要点

（1）林地选择。

选择坡度15°以下、背风向阳、光照充足、交通方便、靠近水源的丘陵缓坡地作为林地。土壤为沙质壤土或红、黄壤土，pH 4.5～7.0，土层深50厘米以上，疏松透气，排水性能良好。

（2）母竹选择。

选择出笋早、产量高、不开花的优良栽培类型，如细叶乌头雷竹、弯秆雷竹。母竹生长健壮，1～2年生，无病虫害。

（3）林地整理。

全垦深翻整地30～40厘米，平地开深沟排水。

（4）栽种方法。

选择在5月下旬至6月上旬、10—11月的雨季种植，每亩种竹80～100株。栽植时，要求鞭土密接，适当浅栽，下紧上松，浇水保湿，打桩固定。

5. 覆盖技术

（1）母竹留养，结构调控。

每年每亩留养胸径为3～4厘米粗的新竹300株，要求分布均匀。控制密度在1000株/亩左右，1～4年生立竹数量比例为3:3:3:1。钩梢留枝10～12盘枝。

（2）病虫防治。

采用杀虫灯、竹腔注射等综合技术防治病虫害，合理安全地使用农药。

（3）合理施肥。

覆盖高产竹林一年施肥4次，分别为：5—6月每亩施生物有机肥120千克；7—8月根据竹林生长情况加施尿素40千克；9—10月再施生物有机肥120千克，加施复合肥25千克；11月覆盖时再施生物有机肥80千克。不覆盖的丰产竹林，施肥量可减半。

（4）土壤改良。

每亩施生石灰200千克左右，以调整土壤pH，连续覆盖2年，

加 1 次客土，客土厚为 6 ～ 10 厘米。

（5）水分调控。

在 8—9 月竹林干旱时应进行多次浇水，每亩一次浇水 10 吨左右。雨季，应开深沟排水。在覆盖前，每亩浇水 20 吨左右，视降水情况增减，以浇透为宜，再进行覆盖。

（6）覆盖增温。

选择成林高产竹园进行覆盖，采用竹叶、谷壳、稻草、麦壳、杂草等有机物作为覆盖增温材料，覆盖时间选择在冬季 11 月中旬至 12 月上旬，覆盖厚度为 20 ～ 25 厘米。覆盖时，竹园中心部位宜薄，四周可稍厚。可采用双层覆盖法进行覆盖，下层用稻草或竹叶、麦壳、鸡粪、杂草等，厚为 15 厘米；上层用谷壳，厚为 10 厘米，控制地表温度在 20℃左右。笋期结束后及时清除覆盖物。

（7）轮作休息。

采用"四年二覆盖"模式，在 4 年中连续覆盖 2 年，然后自然经营不进行覆盖 2 年，可促进竹林复壮与生态化经营。

（8）竹林保护。

除了保护周围的生态环境，保护生物多样性，防治病虫、野兽为害以外，还要对自然灾害进行预防，如低温霜冻、大雪冰冻、暴雨洪水、高温干旱等，加强竹林保护，促进竹林可持续经营。

6.典型案例

典 型 案 例 1

经营主体　临安区横畈竹笋专业合作社

地点及规模　杭州市临安区青山湖街道洪村，面积 150 亩

经营概况　该合作社于 2008 年 12 月组建，有社员 102 户，用 8 年时间打造标准化雷竹基地，通过示范带动社员进行标准化生产 1200 亩。2017 年合作社在基地里覆盖了其中 20 亩，获得总利润 233200 元。合作社合作开发了雷竹覆盖砻糠吸放机；申请注册合作社产品商标，打响"忆笋鲜"自主品牌；实施统一农资采购、统一施肥、统一病虫防治、统一收购销售鲜笋，实现生态无公害竹笋标准化生产。每年销售雷竹笋 300 吨，产值 300 万元。

砻糠吸放机

林农在覆盖基地挖笋

效益分析

项目	面积 / 亩	亩产量 / 千克	单价 / (元 / 千克)	产值 / 元		成本 / 元		利润 / 元	
				亩产值	总产值	亩成本	总成本	亩利润	总利润
覆盖雷笋	20（覆盖）	3380	7	23660	473200	12000	240000	11660	233200

典型案例 2

经营主体　邵观夫示范户

地点及规模　杭州市临安区太湖源镇横徐村，面积 19 亩

经营概况　邵观夫于 1989 年开始从事雷竹栽培，将科技知识与生产实践紧密结合，覆盖平均亩产值 3.8 万元，创造亩产量 3000 千克、亩产值 5.6 万元的纪录，保持竹林连续覆盖 13 年不退化，成为临安雷竹高效种植的佼佼者，是临安区农民技术带头人（雷竹栽培管理）杰出代表，被认定为首批浙江省林业乡土专家后，又被推荐认定为首批国家林草乡土专家。他带头组建以本村林农为社员的临安区秧田弄竹笋专业合作社，社员人均竹笋年收入突破 10 万元。十几年来，邵观夫接待国内外参观学习考察团队 100 多个批次，受邀或主动为省内外竹农进行现场技术指导、讲课。

乡土专家在讲课培训

覆盖基地丰收

典型案例 3

经营主体 姚春梅示范户

地点及规模 宁波市鄞州区鄞江镇蓉峰村，面积 10 亩

经营概况 鄞江镇蓉峰村雷竹资源丰富，雷竹林面积 1000 多亩，姚春梅从 1992 年开始使用雷竹砻糠覆盖技术，其中 1.6 亩为 2016 年首次覆盖的新发竹林，该片竹林 2017 年累计产笋 3200 千克，即 2000 千克/亩。从 12 月中旬至翌年 3 月底雷笋上市期间，市场销售价最低时为 20 元/千克，春节期间高达 60 元/千克，平均为 30 元/千克，亩产值达 6 万元。在她

国家林草乡土专家姚春梅

的带领下，村里成立了合作社，注册了商标，并实行规范化管理，统一生产技术标准，进行统一销售，加强科技创新能力，大大增强了本地雷笋的市场竞争力，起到了良好的示范带头作用。

挖出的雷笋

典型案例 ④

经营主体 宁波市奉化银龙竹笋专业合作社

地点及规模 宁波市奉化区溪口镇徐溪村，面积480亩

经营概况 合作社现有社员276户，承包雷竹、毛竹等竹林面积达15000多亩，主要生产雷笋、毛笋、笋加工系列产品，其中"溪口雷笋"被认定为国家农产品地理标志保护产品，笋制品"油焖笋"获得了2018年第二届中国（上海）国际竹产业博览会金奖。2018年合作社销售额达到2200余万元。合作社先后获得奉化先进农村专业合作组织、浙江省示范性农民专业合作社、国家农民合作社示范社、全国科普惠农兴村先进单位等多项荣誉。

国家林草乡土专家虞如坤

覆盖基地挖出的雷笋

效益分析

项目	面积/亩	亩产量/千克	单价/（元/千克）	产值/元		成本/元		利润/元	
				亩产值	总产值	亩成本	总成本	亩利润	总利润
砻糠雷笋	480	2000	23	46000	22080000	20000	9600000	26000	12480000

典型案例 5

经营主体 德清县春日竹笋专业合作社

地点及规模 湖州市德清县阜溪街道龙胜村，面积600亩

经营概况 合作社位于德清县省级早园笋精品园，通过种竹引种、品种选优、林地整理、合理施肥及灌溉、病虫害无公害防治，大力推行"无公害标准化栽培""竹林覆盖早出"等培育技术，大力实施标准化生产，累计推广实用技术10项。2018年合作社发展早园竹面积600亩，带动农户40户，砻糠覆盖早园笋亩产值达到1.2万元，进一步提高和稳定了"山伢儿"早园笋产品的质量和知名度。

早园竹竹林

早园笋

效益分析

项目	面积/亩	亩产量/千克	单价/(元/千克)	产值/元		成本/元		利润/元	
				亩产值	总产值	亩成本	总成本	亩利润	总利润
早园笋	600	1038	11.7	12145	7287000	4273	2563800	7872	4723200

二、毛竹笋用林覆盖培育技术

1. 技术简介

毛竹（*Phyllostachys pubescens*）覆盖培育是一项全新的技术，通过有机材料的林地覆盖可有效促进冬笋多发、春笋早出。依托科技创新，突破传统经营理念和模式，使春笋在春节期间上市，极大地提高了竹林的效益，亩产值在 1.5 万元左右，最高达 3.2 万元。这些年来，通过政策引导、示范带动，特别是全省"双百万"毛竹覆盖高效生产致富示范性活动的开展，加快了毛竹笋用林覆盖培育技术的推广应用。

2. 发展潜力及限制因素

近年来，浙江省积极推广毛竹覆盖培育技术，旨在提高竹林的经济效益。利用该项技术，可有效地实现冬春笋的早发、多发，在一定程度上提高林地生产力和经济效益。从 2010 年开始，为加快竹林经营发展方式的转型升级，促进农民增收致富，在相关部门的指导和关注下，该项技术在省内各县（市）得到广泛示范与推广，各地冬春笋产量较覆盖前增长显著。

毛竹覆盖培育技术目前虽然已经开展了示范与推广，但由于技术要求比较高，各地林技人员对技术的实施尚处于摸索阶段，竹农在实际操作时技术也不到位，导致部分地区在覆盖过程中效果欠佳，仍有许多技术性和生产性问题有待解决。如林地覆盖与毛竹林立地生产力和丰产林分结构维护，竹子抗逆能力和地下害虫发生的影响及生态环境保护等问题。而受长期经营习惯的影响，加上毛竹覆盖成本相对较高，技术实施难度较大，部分乡镇的农户对毛竹覆盖技术仍处于观望状态，积极性未能被完全调动。应进一步总结分析毛竹覆盖的关键技术环节，分区施策，分类指导，为生产实践提供技术支撑，切实帮助示范户解决生产中的困难和问题，同时开展针对性技术培训，确保广大竹农熟练掌握覆盖技术要点。

3. 技术要点

（1）立地条件选择。

毛竹笋用林应选择土壤肥沃、水湿条件良好、交通便利的山谷平地作为林地，以利于生产资料和竹笋的运输。

（2）竹林结构动态管理。

① 竹林结构。毛竹林密度以每亩120～130株为佳，胸径在9厘米左右，毛竹分布要均匀。

② 土壤管理。冬笋大年，毛竹林垦复2次。第一次垦复在6月初，垦复深度一般在30厘米左右。第二次在9月前后，浅垦15厘米即可。垦复一般与施肥同时进行，施肥管理主要包括：a. 笋穴肥。挖春笋时，在笋穴内施复合肥。b. 行鞭肥。在春笋结束后到入梅前，结合林地垦复，沟施或撒施腐熟的畜肥，埋（翻）入土中，每亩施畜肥2000千克、竹笋专用复合肥50千克。c. 孕笋肥。夏末秋初（9月），结合林地垦复施畜肥1000千克、复合肥30千克。d. 增温肥。覆盖培育时，待林地浇透水后，每亩施未经腐熟的畜肥（最好是羊粪或鸡粪）2500～3000千克和竹笋专用复合肥50千克。

③ 水分管理。毛竹需水的两个关键时期是笋芽分化期（8—9 月）和孕笋期（10 月至翌年 2 月），如果遇到一个月以上的干旱天气，应利用山地自然水源，通过兴建蓄水池等方法蓄水浇灌，每亩用水量为 0.53 ～ 0.80 吨。

（3）竹林覆盖。

冬笋覆盖采用双层覆盖法效果较好，即下层为稻草，起发酵增温的作用，上层为砻糠，起保温的作用。其技术覆盖要点如下：

① 覆盖时间：11 月中旬至 12 月中旬，于晴天进行覆盖。

② 覆盖方法：覆盖前先施足肥料，浇透水，均匀铺摊稻草，适当浇一些水，并增施新鲜厩肥，辅助发酵。最后铺上砻糠扫平，厚度为 15 ～ 20 厘米。

（4）竹笋采收。

覆盖后 45 ～ 60 天开始出笋，挖笋时要拨开覆盖物，挖出竹笋，然后再将覆盖物盖好，继续保温、增温。初期隔几天挖一次，逐渐缩短间隔时间，旺季每天采挖。

（5）移去覆盖物与连续覆盖。

3 月上旬，气温逐渐升高，应逐步移去覆盖物，以降低被覆盖土壤的温度，延迟竹笋出土，以利于母竹的留养。

4. 典型案例

典 型 案 例 6

吴兴区是浙江省实施毛竹覆盖面积最大的县（市、区），实施毛竹覆盖面积 1171 亩。在效益上，出笋时间从原来的春季提早到冬季 1—2 月，最早出笋平均所需时间缩短至 57 天，大大提高了春笋的出售价格，在产量 1272 千克 / 亩的基础上，平均产值达 16400 元 / 亩，扣除成本 6800 元 / 亩后，每亩净收益仍可达 9600 元，经济效益可观。

肥料层

稻草层

竹叶层

典型案例 7

　　遂昌县在 2011 年的毛竹覆盖"双百万"示范行动中已成为全省冬笋产量和产值最高的县。在 9 个农户监测点中，冬笋平均亩产量达 422 千克，按市场销售价 24 元／千克计算，平均亩收入达到 10128 元。其中妙高镇农户谢水高的冬笋亩产量达到 556 千克，农户吴立文的冬笋亩产量达到 552 千克，两户亩产量均突破 500 千克，取得了良好的成效。

覆盖基地挖出的冬笋

竹林覆盖

典型案例 8

经营主体 丁善庆示范户

地点及规模 绍兴市嵊州市崇仁镇高湖头村，面积 2.1 亩

经营概况 该农户常年开展毛笋砻糠覆盖栽培技术，应用 2 亩左右。通过加强日常生产管理，于每年 12 月采用砻糠加稻草的覆盖技术，从而使毛笋能在春节前后出笋。2017 年，丁善庆覆盖毛笋 2.1 亩，亩产值达 4.89 万元，其竹林基地被评为嵊州市毛笋覆盖示范基地。2018 年，丁善庆获全国首届"冬季毛笋王"擂台赛冠军。

首届"冬季毛笋王"丁善庆

示范基地指示牌

效益分析

项目	面积 / 亩	亩产量 / 千克	单价 /（元 / 千克）	产值 / 元		成本 / 元		利润 / 元	
				亩产值	总产值	亩成本	总成本	亩利润	总利润
冬毛笋	2.1	1221.5	40	48860	102600	14000	29400	34860	73200

典型案例 9

经营主体　陈志龙示范户

地点及规模　湖州市长兴县煤山镇祠山村，面积30亩

经营概况　从2009年开始，特别是在全省开展"双百万"毛竹覆盖示范行动后，陈志龙大力示范、推广毛竹覆盖技术，累计实施面积90亩，基地平均立竹量为170～180株/亩，平均眉围23.3～30.0厘米，地势平坦，管理良好。通过实施"春笋冬出"技术，提早出笋时间、延长笋期，平均亩产量达2500千克，平均亩产值达1.5万元，提高了毛竹林经济效益。

覆盖示范基地

覆盖出笋

效益分析

项目	面积/亩	亩产量/千克	单价/（元/千克）	产值/元		成本/元		利润/元	
				亩产值	总产值	亩成本	总成本	亩利润	总利润
覆盖春笋	30	2500	6	15000	450000	5322	159660	9678	290340

典型案例 10

经营主体　浙江丰华农业开发有限公司

地点及规模　金华市武义县泉溪镇董源坑村，面积 30 亩

经营概况　该公司现有竹产业原料精品基地 10000 余亩，从 2015 年起，通过实施竹-菌复合生态高效培育关键技术，不仅利用覆盖技术提早出笋时间、提高春笋产量，而且在次年利用竹林覆盖使用的稻草、砻糠作为种植竹荪的基肥，大大减少了种植竹荪的成本。毛竹覆盖冬笋亩产量从 200 千克提高到 400 千克，春笋亩产量从 600 千克提高到 1000 千克以上，两项亩产值从 2000 元提高到 1 万元。

覆盖前准备材料

覆盖提早出笋收益高

典型案例⑪

经营主体　余正中示范户

地点及规模　衢州市衢江区全旺镇，面积35亩

经营概况　从2010年省林业厅实施毛竹覆盖"双百万"示范行动以来，余正中已连续6年在自己的竹林基地内推广竹笋覆盖技术，通过前期深挖垦复、配方施肥，后期运用覆盖增温、水分管理及合理留笋养竹等科学培育方法，建立了35亩示范基地。出笋后他将覆盖竹林内的笋与没有进行覆盖竹林内的笋进行比较，发现覆盖技术不仅能使春笋提前出笋，而且能提高冬笋的产量，达到"冬笋多发"的效果。

正在覆盖中的毛竹基地

经过覆盖的基地，冬笋的亩产量达500千克，按平均售价20元/千克计算，仅冬笋一项产值就达到每亩万元以上。

竹笋多发

三、高节竹覆土控鞭培育技术

1. 高节竹概况

高节竹（*Phyllostachys prominens*）是优良的笋材兼用竹种，生态适应性强，在浙江省许多县（市、区）有自然分布。高节竹自然出笋期为4月中下旬至5月上中旬，竹笋产量高、品相口感好、加工性能佳。但高节竹出笋期较雷竹、毛竹迟，鲜笋价格较低，且波动较大，常出现增产不增收的现象，严重影响竹农经营高节竹林的积极性。为充分开发区域内丰富的高节竹资源，中国林业科学研究院亚热带林业研究所（简称"中国林科院亚林所"）与桐庐县林业局长期合作，研发出能显著提高高节竹竹笋品质和经济效益的覆土控鞭高品质竹笋培育技术，该项技术已在桐庐县莪山乡、横村镇等高节竹集中分布区规模化推广应用。

2. 技术简介

高节竹覆土控鞭培育的竹笋个大、色白，可食率达70%，单宁、草酸、总酸等酸涩味物质含量，苦味氨基酸比例和木质素、纤维素含量显著降低，脂肪、可溶性糖含量和甜味、香味氨基酸比例及糖酸比等显著提高，外观品质、营养品质和食味品质明显提高。此外，覆土控鞭栽培对高节竹生长发育和生理生态特征没有明显影响，笋期可延迟10天左右，竹笋价格较常规培育提高10倍以上，产品深受杭州、上海、宁波等市场的欢迎，经济效益可达1万元/亩以上，已在桐庐县莪山乡、横村镇推广1000亩以上。在近些年高节竹自然笋价格过低的背景下，高节竹覆土控鞭高品质竹笋培育规模逐年迅速增加，在杭州市的桐庐县、富阳区、余杭区，湖州市的安吉县、长兴县等高节竹资源较为丰富的地区有极大的推广应用潜力。成果获国家发明专利一项，制定并发布浙江省地方标准一项。

该项技术的主要问题是取土较为困难，目前覆土主要利用林道建设、农民房屋建造等土壤。建议结合地方特色竹笋业建设在浙江省高节竹主要分布区规模化、标准化推广应用。

3. 发展潜力

目前浙江省竹笋业存在市场压力大、成本压力大、生态压力大、劳动力压力大等问题，迫切需要培育高品质竹笋，以提高市场竞争力，满足消费者对竹笋质量的高要求。近几年高节竹高品质竹笋市场供不应求，平均价格为 16 元 / 千克左右，而自然笋滞销，可见培育高品质竹笋是浙江省竹笋业转型升级的需要，也具有很大的发展潜力。

4. 技术要点

高节竹覆土控鞭高品质竹笋培育核心技术包括竹林选择、林分结构调控、季节性覆土、结合林地垦复的地下鞭系调控、土壤养分适时高效补充、竹笋采收等。

（1）竹林选择。

选择植株生长健壮，立竹密度 500 ~ 600 株 / 亩，立竹胸径 5 ~ 6 厘米，1 ~ 4 年生立竹数量比例 3∶3∶3∶1，立竹在竹林

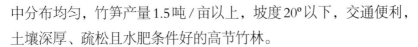

中分布均匀，竹笋产量1.5吨/亩以上，坡度20°以下，交通便利，土壤深厚、疏松且水肥条件好的高节竹林。

（2）林分结构调控。

新竹留养。在出笋盛期的后期留养新竹，每年留养数量以160～180株/亩为宜。留养的新竹应健壮，无病虫害，胸径5～6厘米，新竹在林地中分布均匀。

伐竹。伐竹数量不超过新竹留养数量，保持丰产林分结构的立竹密度。6—7月，新竹长成后，结合林地垦复，伐去部分4年生及以上的老竹，同时清理病虫竹、风倒竹、雪压竹，使竹林中1～4年生立竹数量比例为3：3：3：1。

（3）覆土。

9月至翌年2月在高节竹林中均匀覆土30～40厘米。覆盖的客土为红壤或黄壤，团聚体结构好，土壤黏粒50%～70%，容重1.2左右，pH 4.5～5.5。不用沙石土、泥沙土。覆土时应除去客土中的石块、树蔸（根）等。一次覆土可保持3年的高节竹高品质竹笋生产。

（4）林地垦复。

覆土后前2年进行每年2次的林地垦复，深度25～30厘米。第一次为6—7月，结合伐竹和新竹抽枝长叶后施肥进行，并清除竹伐蔸和覆土层中的竹鞭；第二次为9—10月，结合笋芽分化期施肥进行，并清除覆土层中的竹鞭。覆土后第3年起，按自然笋栽培在6—7月深翻林地一次，深度25～30厘米。

（5）土壤养分补充覆土肥。

覆土前：在竹林中先均匀撒施复合肥50～60千克/亩，然后覆土。

笋前肥：3—4月，开沟后施尿素20～30千克/亩。

新竹抽枝长叶肥：6—7月，先在林地中均匀撒施复合肥50～60千克/亩，然后深翻林地。

笋芽分化肥：9—10月，先在林地中均匀撒施复合肥40～50千克/亩，然后深翻林地。

（6）竹笋采收。

除留养的竹笋外，其他竹笋及时采挖。宜在早晨采挖竹笋。竹笋刚露土时或在土壤开裂处，用锄头挖开竹笋四周土壤，用笋锹将竹笋整株挖起，尽可能不损伤竹鞭。

（7）轮闲覆土。

高节竹覆土控鞭高品质竹笋培育3年，按自然笋栽培措施培育竹林3年，可再进行覆土控鞭栽培。

5. 典型案例

典型案例 12

经营主体　桐庐康源菜竹专业合作社

高节竹覆土控鞭"白笋"基地建设

高节竹覆土控鞭"白笋"

高节竹覆土控鞭"白笋"与普通食用竹笋比较

地点及规模　杭州市桐庐县莪山乡新丰村，面积 100 亩

经营概况　2015 年 11 月，该合作社利用自有经营的竹林基地，采用"科技专家＋合作社＋基地＋农户"模式，实施高节竹覆土控鞭高品质竹笋培育 30 多亩。笋期可延迟 10 天左右，竹笋价格较常规培育提高 10 倍以上，产品深受杭州、上海、宁波

等市场的欢迎。通过现场示范，合作社带动栽山乡农户建立高节竹覆土控鞭"白笋"高效栽培示范基地 100 亩，竹笋产量达 1083 千克/亩，按市场销售价 12 元/千克计算，竹笋产值达 12996 元/亩，扣除生产成本 7100 元/亩，实现净利润 5896 元/亩。

效益分析

项目	面积/亩	亩产量/千克	单价/（元/千克）	产值/元		成本/元		利润/元	
				亩产值	总产值	亩成本	总成本	亩利润	总利润
高节竹白笋	100	1083	12	12996	1299600	7100	710000	5896	589600

第三章　高效生态栽培型科技富民模式

一、香榧高效生态栽培技术

1. 香榧简介

（1）树种特点。

香榧（*Torreya grandis* 'Merrillii'）是红豆杉科（Taxaceae）榧树属（*Torreya*）榧树（*Torreya grandis*）中的优良栽培类型，为第三纪孑遗植物，属国家二级保护植物。香榧原产于浙江，是浙江最具特色的山地经济树种。其干果香酥可口，余味浓郁，南宋诗人何坦以诗《蜂儿榧》赞曰："味甘宣郡蜂雏蜜，韵胜雍城骆乳酥。"香榧四季常绿、树冠浓密，保持水土、涵养水源功能良好，且幼树耐阴，成年树需光性不强，造林时可以不破坏植被，适宜混交造林和立体经营，是重要的生态经济树种。同时，其树形优美，冠如华盖，又是重要的观赏树种。另外，香榧果实含油量高，单位面积产油量可达 33.3 ～ 40.0 千克 / 亩，所以香榧也是高产优质的木本油料树种。

（2）营养特性。

香榧种仁营养丰富，保健功能高。《本草纲目》等古籍医书记载，其有止咳、润肺、消痔、驱蛔虫等功效。现代分析表明，其营养组成中有油脂、蛋白质、氨基酸、维生素、有益元素、糖、淀粉等。①油脂含量在 60% 左右，其中不饱和脂肪酸达 80%以上，特别是人体必需脂肪酸亚油酸的含量更是高达 45%。②富含 19 种矿物质元素，其中钾含量高达 0.70%～1.13%，是各种干果中含量最高的，多食香榧补充钾有利于维持心脏机能，预防中风。③含多种维生素，其中维生素 D_3、维生素 E、烟酸、叶酸含量丰富，有助于消化、明目和促进骨骼发育。④蛋白质含量在 13% 左右，内有 17 种氨基酸，其中 7 种为人体必需氨基酸。另外，香榧种仁中还含有香榧酯。假种皮中富含芳香油脂，有 20 多种芳香成分，香精提取率在 2.5% 以上。香榧的枝叶中含有榧树属植物特有的抗病毒活性成分榧黄素及抗癌活性成分紫杉醇。

（3）产业规模、效益与发展潜力。

自 2000 年以来，在各级政府和林业主管部门的重视下，随着香榧新品种的创制和栽培技术的突破，浙江省香榧产业得到了快速的发展，发展香榧人工林近 82.5 万亩，面积位居山地经济林前列。浙江省每年香榧产量约 4000 吨，占全国产量的 95% 以上。香榧干果单价高，近 5 年市场价格为 160～240 元 / 千克，成年香榧亩产值可达 8000～12000 元，栽培效益居山地经济林之首。

目前香榧主要在浙江省栽培，然而香榧适生区域广，在我国的浙、皖、闽、赣、湘、鄂、苏、黔八省有野生榧树分布的地区都可以发展香榧。从自然环境和近年的引种实践来看，在我国南岭以北，秦岭 - 淮河以南，云贵高原以东至浙江沿海，年平均气温 14～18℃，年降雨量 800 毫米以上，海拔 800～1500 米的酸

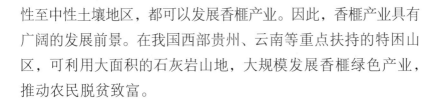

性至中性土壤地区，都可以发展香榧产业。因此，香榧产业具有广阔的发展前景。在我国西部贵州、云南等重点扶持的特困山区，可利用大面积的石灰岩山地，大规模发展香榧绿色产业，推动农民脱贫致富。

2. 技术要点

（1）立地选择。

香榧种植最适宜的海拔为 300～800 米，根据纬度变化，可适当调整，如因丽水地区纬度较低，在海拔 900 米处，香榧生长结果亦正常。香榧适宜种植在花岗岩、石灰岩、凝灰岩、流纹岩、玄武岩等母岩发育的土壤中，要求土壤疏松透气、土层深厚。有一定坡度、不易积水的种植地更适宜香榧生长，在海拔高处，需种植在阳坡，在海拔低处，可选择在阴坡种植。

（2）良种壮苗培育技术。

砧木苗培育应选用充分成熟的榧树种子，脱去假种皮后洗净，晒至种壳表面干燥，用 50% 多菌灵可湿性粉剂 500 倍液浸种后，采用双层拱棚增温法催芽，待 12 月下旬至翌年 1 月上旬分 2～3 次翻堆挑拣已完成催芽的种子进行播种，采用"三段法"培育良种壮苗。1 年生实生苗采用密植集中管理，播种密度为行距 0.2 米、株距 0.1 米左右，每亩 3 万株左右。当年 11 月结合断根移植，移植后密度一般为行距 0.5 米、株距 0.3 米左右，每亩 4000 株左右。嫁接时选用 2 年生以上的实生苗和经过国家、省级审（认）定的良种粗壮接穗，春季采用切接法，夏秋季采用贴枝嫁接法嫁接。嫁接后 3～4 年适宜上山造林，在造林前 1 年，将苗木移植于营养钵中，实现带土上山造林。

（3）提高造林成活率技术。

在11月上旬至12月中下旬，选用"2＋4"左右的嫁接大苗，带土球上山造林。造林时挖大穴、施足肥，造林后翌年遮阴，造林成活率可达到95%以上，造林后植株生长快、结实早。

（4）树体生长结实控制技术。

对幼年嫁接植株，采用前促后控技术，前期通过施肥配比、扶枝等技术，促进顶端优势，快速扩大树冠；进入结实期后，通过拉枝、施肥配比促进枝条腋芽的诱导与发育，从而促进花芽分化，提早开花结实。通过促成培育技术的应用，香榧苗木生长量提高40%以上。应用幼林早实丰产栽培技术后，示范基地4年开始结实，比传统管理至少提早4年投产。

（5）林地管理技术。

适宜茶－榧、榧－板栗以及榧－大豆等混交套种模式，施肥遵循"控氮、稳磷、增钾"施肥原则，年度加入的主要元素氮、磷、钾配比为4∶1∶3，亩施肥折合复合肥不超过50千克，年度施肥时间分别为3月中旬、6月上中旬、9月上旬。

（6）人工辅助授粉技术。

4月中下旬，雄球花发育成熟，花粉刚开始散出时，采集雄花枝置于干燥阴凉处，取出花粉后置于4℃环境中低温保存，以雌球花的胚珠顶部出现授粉滴（黏液）时进行人工授粉最为适宜。采用撒粉法进行授粉，授粉率可达95%以上。

（7）病虫害管理技术。

针对常见的根腐病、细小卷蛾等病虫害，主要采用石灰进行土壤改良、诱杀以及使用无公害药剂等方法防治。

（8）保花保果技术。

对于4月中下旬至5月中下旬连续阴雨引起的落果，可喷施

含细胞赋活剂的保花保果剂；对于细菌性褐腐病引起的落果，可在 5 月中下旬喷施 1.5% 的菌毒清。

（9）野生大苗改接技术。

利用浙江省各地丰富的野生榧树资源，选用良种接穗，采取多头高接的嫁接技术，能在 3 年后形成丰产树冠，5 年形成产量。

3. 典型案例

在原浙江省林业厅、浙江省科学技术厅等单位的组织协调下，浙江农林大学等科研院所联合主产区地方林业技术人员，针对香榧高效生态栽培技术进行了系统的科技攻关，选育了一定数量的良种，突破了实生苗播种出芽率低、嫁接成活率低、造林成活率低等扩大栽培的技术瓶颈，构建了由造林模式选择、提高造林前期生长量、加速丰产树形形成、生殖生长与营养生长调控、测土测树配方施肥、人工授粉、保花保果、生草栽培以及病虫害绿色防控、山地循环经济模式建立等技术组成的高效生态栽培模式，培养了一批产业科技人员。新发展的集中连片纯林基地、混交造林基地、散户四旁种植等模式，均有亩收益超万元的示范林。

典型案例 13

经营主体　新昌县康益祺农业发展有限公司

地点及规模　绍兴市新昌县巧英乡大雷村、中溪村，沙溪镇黄坑村榧联自然村，面积共 1500 亩

经营概况　公司成立于 2004 年，主要从事香榧种植、农产品开发和苗木培育。该公司采用 5 年生香榧嫁接良种苗造林 1500 亩，

大雷基地

单株结果状

香榧花芽

香榧果

加工前晾晒

香榧盆景

严格按"五统一经营管理模式"要求，制定了《无公害香榧生产技术规程》，实行"五个统一"，即统一技术标准、统一经营方案、统一密度控制、统一安全监测、统一生产档案，抓好每一个环节，确保建设进度，保证产品质量，并实行标准化生产，完善产品质量追溯制度。

效益分析

项目	面积/亩	亩产量/千克	单价/ (元/千克)	产值/元		成本/元		利润/元	
				亩产值	总产值	亩成本	总成本	亩利润	总利润
香榧青蒲	1500	83	40	3320	4980000	1335	2002500	1985	2977500

典型案例 14

经营主体 东阳市西垣村

地点及规模 金华市东阳市虎鹿镇西垣村，面积1246亩

经营概况 西垣村为东阳香榧老产区之一，是东阳市著名的香榧之乡，全村有百年以上的老榧树7440株，村内漫山遍野都

老榧林

幼林结果状

示范林结果状

是大大小小的榧树,村内有"劳作1个月,收入3万元"的说法。近十多年来,该村加强老榧林的低产改造,积极培育和发展香榧产业,全村现有香榧基地1246亩。2018年该村产香榧青蒲300多吨,按当年收购价每千克40元计算,全村香榧青蒲收入达1200万元,基本达到"一亩香榧收入一万元"的目标。加上香榧加工、香榧森林旅游与农家乐,估计还可增收350万元以上,全村香榧收入达1550万元,人均年收入达11600元。

典 型 案 例 15

经营主体 嵊州市万松林香榧专业合作社

地点及规模 绍兴市嵊州市长乐镇坎一村，面积100亩

经营概况 香榧林套种鼠茅草不仅能有效防止水土流失，还具有美化榧园、抑制杂草、调节土壤温度、涵养水分和提高土壤有机质含量等作用，有效改善了生态环境。该套种模式能大大减少化学农药的使用量，降低生产成本，提升果品质量，提高香榧产量和经济效益。

香榧套种鼠茅草

香榧喜获丰收

效益分析

项目	面积/亩	亩产量	单价	产值/元		成本/元		利润/元	
				亩产值	总产值	亩成本	总成本	亩利润	总利润
香榧青蒲	100	40千克	30元/千克	8700	870000	1800	180000	6900	690000
香榧苗		10株	750元/株						

典型案例16

经营主体 松阳县湖溪林场

地点及规模 丽水市松阳县湖溪林场卯山香榧基地，面积450亩

香榧套种脐橙远景

香榧套种脐橙近景

经营概况 2010年春，该林场从嵊州引进"2＋4"香榧大苗种植，到2019年为止种植期为9年。2015年香榧开始投产，2017年香榧青蒲平均亩产量100千克，亩产值5000元。在种植香榧的同时套种脐橙，2014年脐橙开始投产，2017年脐橙亩产量达到2000千克，亩产值达到8000元。香榧、脐橙两项亩产值达到13000元。

效益分析

项目	面积/亩	亩产量/千克	单价/（元/千克）	产值/元		成本/元		利润/元	
				亩产值	总产值	亩成本	总成本	亩利润	总利润
香榧	450	100	50	13000	5850000	8000	3600000	5000	2250000
脐橙		2000	4						

典型案例 17

经营主体　浙江留家坪生态林业有限公司

地点及规模　金华市浦江县杭坪镇留家坪，面积 7000 亩

经营概况　1997 年公司在杭坪镇留家坪程家村流转了 661 亩疏林山，种下了第一批香榧苗，开辟了浦江香榧规模化种植的道路。截至 2017 年年底，公司累计投入资金 6000 万元，建成香榧基地 7000 亩，香榧种质资源库 200 多亩，良种采穗圃 500 多亩。基地发展成为全省最大的香榧基地之一，最早引种的香榧已经开始出产，部分香榧已进入盛产初期。2016 年基地采香榧青蒲 7.5 万千克，以每千克售价 30 元计算，直接产值 225 万元。在其带领和影响下，

留家坪香榧基地

香榧造林

周边工商企业主、农户纷纷加入香榧种植的行列，程家村周边有 3000 多户农户种起了香榧，涌现了一批具有一定规模的香榧种植企业。香榧种植真正实现了"一亩山万元钱"。

典型案例 18

经营主体 淳安县枫树岭镇群聚家庭农场

地点及规模 杭州市淳安县枫树岭镇凤凰庙村，面积 150 亩

香榧造林

香榧果丰收

经营概况 家庭农场基地的香榧种质来自诸暨原产地，经科学试验，生态种植完全可行。基地于 2016 年进入盛产期，并且产品通过了有机产品认证，基地带动周边 110 户农户进行香榧种植，已形成总面积达 400 余亩的香榧专业村，生态与社会效益明显。

效益分析

项目	面积/亩	亩产量/千克	单价/(元/千克)	产值/元		成本/元		利润/元	
				亩产值	总产值	亩成本	总成本	亩利润	总利润
香榧青蒲	150	233	40	10130	1519500	4000	600000	6130	919500
香榧嫁接枝		27	30						

二、薄壳山核桃高效生态栽培技术

1. 薄壳山核桃特性

薄壳山核桃（*Carya illinoensis*）又名美国山核桃，商品名碧根果、长寿果等，为胡桃科（Juglandaceae）山核桃属（*Carya*）的一种落叶乔木，其果仁色美味香、香甜可口，果大、壳薄、出仁率高、取仁容易，种仁含油脂51%～69%，蛋白质4.9%～12.1%，碳水化合物13%，营养丰富。薄壳山核桃油的单不饱和脂肪酸含量为61.37%～76.30%，仅次于茶油，与橄榄油相当，单不饱和脂肪酸对心脑血管疾病有很强的预防作用。薄壳山核桃油的不饱和脂肪酸总量为90.10%～92.63%，接近茶油（91%）、核桃油（92%），优于花生油（83%）、棉籽油（70%）、豆油（85%）和玉米油（83%），多不饱和脂肪酸在预防冠心病、糖尿病等疾病中起着重要作用。薄壳山核桃油有很好的贮藏性，是上等的烹调用油和色拉油（冷餐油）。同时每100克种仁中含有对人体健康有益的微量元素硒6微克（核桃为4.60微克、山核桃为4.62微克）、锌4.53毫克（核桃为3.09毫克、山核桃为2.17毫克），被称为长寿果，生食、炒食、加工皆宜，而且耐贮藏，具有比核桃、山核桃更加明显的优良性状和不可替代的优良品位，是胡桃科山核桃属中最有经济价值的树种之一。

2. 现有规模和推广成效

薄壳山核桃经济寿命长达100年以上，盛果期单株产量一般为50千克左右，最高可达100千克以上，按10株／亩计算，亩产量最高可达 1000 千克，亩产值 2 万元以上。近年来浙江省薄壳山核桃栽培面积迅速扩大，现已有面积超过 3 万亩，投产面积尚较小，包括建德、新昌、龙游、仙居和余杭等地，全部产量预计超万吨。

3. 发展潜力

薄壳山核桃主要分布在北纬 26°～42°，无霜期大多在 220 天以上，≥10℃年积温为 3300～5400℃的地区，年平均气温 15～20℃的环境最适宜其生长。北方品种能耐 -29℃的低温，南方品种只能耐 -18℃的低温。薄壳山核桃能耐受的极端高温是 46.5℃。薄壳山核桃喜欢土层深厚、质地疏松、富含腐殖质、湿润且排水性能良好的砂壤土或壤土，不适于过于黏重的酸性土壤。薄壳山核桃对土壤 pH 要求不高，在 pH 5.8～8.0 的范围内均可良好生长。薄壳山核桃耐湿能力强，在水沟或池塘边生长结果良好，是平原绿化、园林绿化、专业果园、林茶间作的良好树种。

目前，限制薄壳山核桃大规模发展的主要因素是生产上缺乏统一规划，不能统筹安排，盲目发展，且苗木来源不清，品种混杂，加上生产耕作粗放，影响产量。因此，需要提高良种化水平，并搭配合适的授粉树种，提高良种繁育水平，建成 2～3 个示范点，推动薄壳山核桃产业稳步发展。

4. 技术要点

（1）种苗的培育技术。

薄壳山核桃育苗主要以嫁接为主，也可利用根蘖幼苗繁殖，

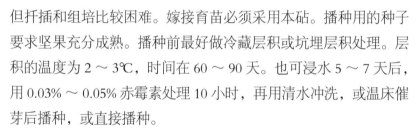

但扦插和组培比较困难。嫁接育苗必须采用本砧。播种用的种子要求坚果充分成熟。播种前最好做冷藏层积或坑埋层积处理。层积的温度为 2～3℃，时间在 60～90 天。也可浸水 5～7 天后，用 0.03%～0.05% 赤霉素处理 10 小时，再用清水冲洗，或温床催芽后播种，或直接播种。

育苗播种密度一般为行距 0.5 米、株距 0.3 米左右，每亩 6000 株左右。育苗宜用小粒种子。若按每千克种子 120 粒、发芽率 80% 计算，每亩约需种子 62 千克。播种深度为 5～7 厘米。用薄壳山核桃做绿化树时，可直接采用实生育苗。以收获坚果为主要目的栽种时，必须采用良种嫁接苗。

一般 2 年生的实生苗地径达 1 厘米以上时，方可嫁接。嫁接的方法分两类，一类是春季的枝接，包括切接、四裂接（香蕉接法）、劈接、插皮接、带木质芽接等，以切接最为常用，接穗最好用蜡全封，封蜡的适宜温度为 90～110℃；另一类是夏、秋季（北方 6—8 月）的芽接，以方块芽接成活率最高，成活率在 85% 左右，效果很好。果用薄壳山核桃嫁接苗一般地下 1～2 年，地上 1～2 年，育苗周期 2～3 年。

（2）果园的建立及早期管理。

薄壳山核桃园要有主栽品种，同时也要考虑授粉树品种的选择。一般选 3～4 个品种。假如选 4 个品种，可选 1～2 个主栽品种，配以 2～3 个授粉品种。品种间最好散粉有早有晚，可相互授粉。一般栽培密度控制在每亩 10～15 株。

一般情况下，以春季萌芽前栽植为好。挖坑面积为 1 平方米，深 0.8～1.0 米。最好用 0.05%～0.10% 萘乙酸或生根粉蘸根处理。坑内放 15 千克左右的腐熟有机肥，然后将表土回填。小苗栽植深度以苗子原来地径低于地表 5～10 厘米为宜，避免嫁接部位埋于地下。栽后的当年至少要灌溉 2 次水，遇干旱年份要多浇几次，保证苗木生根成活所需要的水分。刚栽植的 1～2 年可以不施肥，或少量施肥，但要严格控制杂草。之后根据果树需要适时适量施肥、浇水。为了防止水土流失，保护生态环境，薄壳山核桃林地内要求避免大面积耕作，林间适当种植绿肥等。

（3）果园的合理施肥与灌溉。

薄壳山核桃有两个需水关键期，一个是果实膨大期，一般在 4 月至 5 月底，该时期充足的水分供应可使果实体积充分增大；另一个是果实灌浆期，在夏末秋初，至少每两周灌溉 1 次，该时期能耐受的最长的干旱胁迫时间为 3 周，长时间干旱会导致树体受害而落果，严重时会减产一半。一般认为，果园土壤的含水量在土壤最大田间持水量的 60%～80% 时，最适宜果树的生长发育，当低于 60% 时应进行灌水。成年林要遵循科学施肥的原则，4—5 月和 8 月每株施约 1.5 千克的复合肥，11 月每株施 5～10 千克的腐熟有机肥。

（4）整形修剪及合理负载。

薄壳山核桃的特点是树体高大，寿命长，嫁接树的结果年限可达 100 年以上，最长的可达 500 年以上，因而合理的树形就显得尤为重要。一般定干高度为 1.0～1.5 米，在主干上部可抽生 2 次枝，可以利用它选出第一层主枝，以后可随着中央领导干的延长，每年选留 1 层主枝。薄壳山核桃至 15 年生左右时，树高可达 5 米以上，为管理方便，可落头开心，使树冠不再继续增高。进入结果期以后，树冠逐渐增高，大枝数量增多，可分年疏剪多余大枝，对不能再利用的徒长枝，也应及时疏除。对于较下垂的结果枝组，要及时回缩复壮，适当短截，但修剪量仍应从轻。当相邻树的主枝发生轻度交叉重叠时，可以利用疏枝回缩的方法修

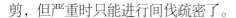

剪，但严重时只能进行间伐疏密了。

根据修剪的时期不同，修剪可分为休眠季修剪和夏季修剪。休眠季修剪可提前或推后，也可在冬季进行。为了早果丰产，更应该重视夏季修剪。夏季修剪易于操作，修剪量小，有利于缓和树势。常用的修剪方法有疏枝、短截、回缩、摘心、枝条变向等。枝条变向包括拉枝、撑枝、别枝等。若伤口较大，要涂消毒剂和保护剂。消毒剂可用2%硫酸铜溶液，保护剂可直接用油漆。

（5）病虫害防治技术。

薄壳山核桃主产区果园常见的虫害有数十种，重要的害虫有7～8种，主要是山核桃巢斑螟、美核桃象甲、胡桃小蠹蛾、胡桃黑蚜和胡桃黄蚜等。其他蛀干类害虫如锯天牛、阔颈天牛和核桃木蠹蛾也有危害。防治薄壳山核桃病虫害要树立综合防治的观念，即采用最合理、最经济的方法防治病虫害，既能有效地控制病虫害，又不破坏生态环境，有利于人类社会的可持续发展。或者选用林茶间作，生态经营，减少病虫害。

5. 典型案例

浙江省是薄壳山核桃的适生栽培区域，引种历史悠久，20世纪80年代已选育了'金华''绍兴'等品种。薄壳山核桃的经济寿命长达100年以上，盛果期单株产量一般为50千克左右，最高可达100千克以上，按10株/亩计算，亩产量最高可达1000千克，亩产值2万元以上。

典 型 案 例 19

经营主体　杭州九仙生物科技有限公司

地点及规模　杭州市建德市莲花镇齐平村，面积 100 亩

经营概况　公司所在地莲花镇为建德市铁皮石斛产业的发源地和中心产区。2014—2015 年，该公司以实施省林下经济发展项目为契机，在公司前期发展的 100 亩薄壳山核桃林下，开展复合经营，发展种植了铁皮石斛，并加强了基地现代化管理水平，强化了道路、灌溉、生产用房等配套设施建设。

效益分析

项目	面积/亩	亩产量/千克	单价/ (元/千克)	产值/元		成本/元		利润/元	
				亩产值	总产值	亩成本	总成本	亩利润	总利润
铁皮石斛类	100	10	1600	18000	1800000	6000	600000	12000	1200000
薄壳山核桃		25	80						

薄壳山核桃林近景

薄壳山核桃林远景

林下铁皮石斛喷灌设施

典型案例20

经营主体 建德市圣茗茶场

地点及规模 杭州市建德市大洋镇江东村，面积200亩

经营概况 2012年春，该茶场采用良种苗配置造林技术，建设薄壳山核桃生态高效基地200亩。为保持水土、维护生态景观、提高基地综合效益，从2013年开始基地陆续分批套种了白茶。经过近5年的经营管理，基地展现出勃勃生机，薄壳山核桃长势喜人，白茶初见成效。2016年，投产的白茶亩产值达到6300元。预计基地进入盛产期后亩产值可达15000元。

薄壳山核桃套种白茶
长势喜人

薄壳山核桃与白茶、西瓜套种

三、柿子高效生态栽培技术

柿子（*Diospyros kaki*）高效生态栽培模式是按照适地适树原则，遵循林业经营自然规律与经济发展规律的客观要求，在不破坏原生生态环境的情况下，通过选用高效生态耕作模式、优化种植结构、改善基础设施条件、提高集约经营水平，从而实现生态高效、持续增收的目标。目前浙江省共有柿子栽培面积 11.8 万亩，成片栽培面积 7.6 万亩，年总产量 5 万吨左右，栽培品种以涩柿居多，甜柿种植面积也在不断扩大。

（一）甜柿

1. 甜柿简介

甜柿脆甜爽口，采下即可食用，风味独特，甜柿果富含糖、蛋白质、18 种氨基酸、维生素 C、维生素 B_1、维生素 B_2、维生素 E、膳食纤维及多种人体必需的矿物质元素，如磷、钙、钾、铁、锌、硒、碘等，特别是铁、锌、硒的含量显著高于涩柿和其他大众水果。现代医学研究证明，食用柿果及其加工品对提高人体免疫力、增强血管通透性及预防便秘、促进消化和美容护肤等均有明显效果。入秋后，柿树碧叶丹果，鲜丽悦目，是庭园绿化、观光果园建设的优良树种。2004 年世界卫生组织将柿列为"十大健康果蔬"之一。

为了加快甜柿品种更新换代，增强甜柿市场竞争力，促进农民增收致富，在原国家林业局、浙江省科学技术厅、原浙江省林业厅的支持下，中国林科院亚林所龚榜初研究员经多年研究选出'亚林 36 号''亚林 48 号'等优质甜柿杂交新品种。柿子涩口因单宁作用所致，甜柿新品种在 6 月中旬便已脱涩，经国家林业和草原局经济林产品质量检验检测中心（杭州）分析，成熟的'亚林 36 号'果肉中的单宁含量与苹果、葡萄、芒果相当，低于龙眼、石榴、香蕉，约为猕猴桃的 1/5，山楂的 1/14。

'亚林 36 号'：果扁圆形，果大，单果重 300 ～ 450 克，是'富有'甜柿的 1.5 倍，橙黄色，肉质特别松脆、汁多、味浓甜，糖度 17% ～ 22%，无核果多，种子 0 ～ 2 粒，有苹果的脆、梨的水、哈密瓜的甜，是目前味道最好的甜柿品种。9 月下旬至 10 月中旬成熟，种植后 3 ～ 4 年结果，5 年生亩产量 250 ～ 300 千克，9 ～ 10 年生亩产量 1000 ～ 1500 千克。

'亚林 48 号'：果扁圆形，平均重 250 克，橙红色，鲜艳，肉质松脆、汁多、味甜，糖度 14% ～ 16%，种子少，品质优。成熟期为 9 月上中旬，是极有发展前途的最早熟甜柿新品种。种植后 3 ～ 4 年结果，5 年生亩产量 250 千克，9 ～ 10 年生盛果期亩产量 1000 千克。

2. 甜柿发展现状

目前全国甜柿栽培面积约 20 万亩，95% 以上为品质中等的'次郎'或'阳丰'品种，优良的'富有'品种面积占 3% 以下，近年来中国林科院亚林所在杭州富阳及周边地区推广'富有'系品种 3000 多亩，已结果的林分每亩收入达 1 万元，最高可达3 万多元。近 10 多年来发展甜柿已成为国际趋势，甜柿目前在国内栽培面积不大，许多大城市鲜有供应，市场有价无货。我国东南沿海地区经济发达，对高品质、高营养的新鲜果品需求量大，而新品种'亚林36号'的风味、品质都显著优于'富有'，更优于'次郎''阳丰'，其果有苹果的脆、梨的水、哈密瓜的甜，目前很受市场青睐，售价也比'富有''阳丰'高出2～3倍。据预测，如仅满足长三角经济发达地区的需求，按市场供应量的1/3计算，浙江省需种植30万亩才能满足需求，现'亚林36号'国内栽培面积约2000亩，近两年才刚刚发展起步，缺口巨大。'亚林36号'采摘期长达50天，又是农家乐、乡村游采摘的优良品种。因此，甜柿优质新品种具有良好的发展前景。

3. 技术要点

（1）园址的选择。

甜柿适宜在浙江全省种植，一般选择交通便利、光照好、海拔1000米以下、土层深厚的平地或缓坡地建园，土壤中性偏酸，以排水和通气性好的壤土或砂壤土为好，重黏土需要增施有机肥改良。

（2）挖穴。

挖80厘米×80厘米×80厘米大穴，施足基肥；株行距为3.0米×4.0米或（2.5～3.0）米×5.0米，每亩种植50～60株。

（3）选择良种壮苗。

选择良种壮苗是关键。甜柿一年种植，多年收益，寿命长达百年，选好良种是成功的关键。甜柿优良新品种对砧木要求严格，若砧木选用不当，苗木栽后不易成活，或栽后几年死亡，或生长势差，因此应选用亲和性好、以'亚林6号'为砧木嫁接繁殖的良种壮苗，可从持有该品种林木良种证的苗圃购苗或联系相关科研院所购买，切忌盲目从市场上购苗。选择'亚林 36 号'为主栽品种时，可适当栽种一些早熟的'亚林 48 号'等品种，不需要配置授粉树；果园面积大时可搭配不同成熟期的品种。

（4）土肥水管理。

每年要深翻扩穴改土，熟化土壤，冬季施以有机质为主的基肥一次，在 3 月底、6 月底、8 月底追肥 2～3 次，尤以 8 月下旬的壮果肥最为重要。幼龄柿园行间可套种矮秆豆科作物，成年柿园地可种植黑麦草、三叶草、印度豇豆等绿肥，夏季伏旱来临前刈草覆盖树盘，不垦复，种草养园，以增加土壤有机质。幼龄柿树抗旱性差，高温干旱季应及时浇水。

（5）整形修剪和花果管理。

以自然开心形、"Y"形、小冠疏层形等树形进行整形修剪，成年树修剪时以疏为主，少留背后枝，3～4 年生的结果枝组需更新，以促发粗壮的结果母枝。结果多时需要疏花疏果，一枝一果，长度 15 厘米以下的枝条一般不留果，'亚林 36 号'叶果比为（30～35）:1，'亚林 48 号'叶果比为（20～25）:1。

（6）病虫害绿色防控。

坚持"预防为主，综合治理"的方针，通过加强栽培管理、增施腐熟的有机肥、增强树势、合理整形修剪等措施，使树体通风透光，提高树体自身的抗病虫害能力。冬季清园，消灭在树皮裂缝中越冬的虫和蛹。及时清除园中有病虫害的枝、叶、果，减少病虫源，改善柿园生态环境。利用诱虫灯、蓝黄板等诱杀金龟子、斜纹夜蛾、柿举肢蛾、卷叶蛾等成虫。保护、利用各种天敌昆虫，采用人工繁殖、释放、助迁，以及引进天敌等方法防治害虫。使用低毒高效农药，严格控制施药量和施药次数。

4.典型案例

典 型 案 例 21

经营主体 杭州富阳李荣富家庭农场有限公司

地点及规模 杭州市富阳区常安镇小 村永安山，面积200亩

经营概况 基地主要种植'亚林36号'甜柿，甜柿未投产期间，在林中空地套种可四季采摘的果蔬（如紫花生、紫山药、紫薯、红皮花生、蜜梨、桃、西瓜等），以"基地＋农家乐"的模式，实现农产品从一产到三产的直营；建成了标准化生态养猪场和竹林鸡养殖场，通过林下套种黑麦草、豆科植物、玉米等青饲料以及紫薯藤

富阳甜柿示范基地

甜柿示范林

57

等废弃作物作为养殖饲料，把鸡粪、猪粪作为天然有机肥，用作甜柿等农作物的肥料，饲养效果佳而无污染。2016年，甜柿陆续进入投产期。

富阳甜柿果　　　　　　'亚林36号'6年生果树

效益分析

项目	面积/亩	亩产量/千克	单价/(元/千克)	产值/元		成本/元		利润/元	
				亩产值	总产值	亩成本	总成本	亩利润	总利润
'亚林36号'甜柿	30	1000	40	45000	1350000	8000	240000	37000	1110000
林下套种农作物		500	10						

（二）方山柿

方山柿是永康市经济林产业的支柱产品，也是浙江省较大面积范围种植的涩柿品种，于 2015 年通过了国家地理标志农产品认定。全市现有方山柿种植面积 1 万多亩，主产区 6000 多亩，采用标准化种植。方山柿核心产区基础设施完善，种植连片，亩产方山柿约 1000 千克，亩产值达 1 万元以上，平均每亩成本2000 ～ 3000 元，利润 7000 ～ 8000 元。

典型案例 22

经营主体　永康市羽丰水果专业合作社

地点及规模　金华市永康市舟山镇凌宅村，100 亩

经营概况　凌羽丰联合其他 30 多家农户成立了羽丰水果专业合作社，逐渐扩大种植规模，以"公司＋农户"的方式经营，其中 80 亩进入盛产期，70 亩在改造和初产期。通过多年的精细化管理，每年亩产值近 8000 元。同时，该合作社通过与大户合作的形式收购方山柿进行深加工，年加工柿饼3000 千克，成为当地方山柿的种植明星单位。

推广方山柿环剥技术

推广生草栽培技术

12 年生柿子树结果

效益分析

项目	面积/亩	亩产量/千克	单价/(元/千克)	产值/元		成本/元		利润/元	
				亩产值	总产值	亩成本	总成本	亩利润	总利润
方山柿	150	666.67	12	8800	1320000	3480	522000	5320	798000
柿饼		20	40						

典型案例 23

经营主体　永康市四十四坑果品有限公司

地点及规模　金华市永康市方山柿主产区，100亩

经营概况　该公司通过与大户合作的形式，收购方山柿进行深加工，年加工柿饼1500千克；积极探索方山柿酒的制作工艺，并取得白酒类生产许可证，年产方山柿酒5000升。

效益分析

项目	面积/亩	亩产量	单价	产值/元		成本/元		利润/元	
				亩产值	总产值	亩成本	总成本	亩利润	总利润
方山柿		1000千克	12元/千克	18600	1860000	8900	890000	9700	970000
柿酒	100	50升	120元/升						
柿饼		15千克	40元/千克						

（三）红株柿

在天台很早就有在茶园中零星套种柿树的习惯，品种以天台山红株柿为主，因其果红、品质好而闻名县内外。采用茶柿混交生态栽培模式，实现茶树、柿树共生，既能充分利用温、光、水、土等自然资源，改善生态环境，防止水土流失，又能增加夏秋茶和柿子的收入，提升柿子品质，显著提高茶园经济效益，实现农民增收致富，促进地方经济发展。

典型案例 24

地点及规模　天台县雷峰乡茶丰村，800 亩

经营概况　据技术示范点调查，春茶平均亩产 25 千克，亩产值 6500 元；夏秋茶平均亩产 45 千克，亩产值 4400 元；柿子亩产 470 千克，亩产值 1410 元。全年总亩产值 12310 元。目前全乡共有茶柿混交生态高效栽培模式面积 2500 多亩。

5 年生茶柿混交林

茶柿混交配置方式

后记

　　《竹林覆盖型和高效生态栽培型技术》是"'一亩山万元钱'科技富民技术丛书"的第一册，概述了"一亩山万元钱"科技富民模式的类型、特点、举措和取得的成效，图文并茂地介绍了竹林覆盖型科技富民模式和高效生态栽培型科技富民模式及其技术要点及典型案例，是指导广大林农生产经营与管理的实用手册。

　　竹子是浙江重要的生态资源和经济资源，素有"世界竹子看中国，中国竹子看浙江"的美誉。竹产业横跨一、二、三产，产业链条长，就业容量大，是集生态、经济和社会效益于一体的绿色富民产业，发挥着优化生态环境、发展绿色经济、促进增收就业、传播生态文明的重要作用。以香榧、薄壳山核桃和柿子为代表的高效生态栽培型模式通过改善基础设施条件、提高集约经营水平，从而实现生态高效、持续增收的目标。如香榧平均亩产值达1.2万元，薄壳山核桃平均亩产值达2万元，柿子（甜柿、方山柿等）平均亩产值达1.6万元。

　　近几年，在国家林业和草原局的大力支持和浙江省委、省政府的正确领导下，浙江省把竹产业和木本粮油产业作为乡村振兴战略的重要内容，紧紧立足已有资源、产业基础和区位条件，依靠科技创新推进产业转型升级，竹林覆盖型和高效生态栽培型技术在促进乡村振兴、建设浙江大花园和高质量建成"森林浙江"中发挥着重要作用。

　　本书在编写过程中，得到了省内科研院校的大力支持，部分照片由各地市、县（市、区）林业主管部门工作人员和林业乡土专家提供，在此表示衷心感谢！由于"一亩山万元钱"科技富民模式涉及面广，技术性强，加之编者水平有限，书中存在不足之处在所难免，恳请广大读者批评指正，以便进一步修订、完善，进而更好地发挥林业在我省乡村振兴和供给侧结构性改革中的作用。

编者

2020 年 6 月